Émile Littré

De la Science de la vie dans ses rapports avec la chimie

Sciences

 Le code de la propriété intellectuelle du 1er juillet 1992 interdit en effet expressément la photocopie à usage collectif sans autorisation des ayants droit. Or, cette pratique s'est généralisée dans les établissements d'enseignement supérieur, provoquant une baisse brutale des achats de livres et de revues, au point que la possibilité même pour les auteurs de créer des œuvres nouvelles et de les faire éditer correctement est aujourd'hui menacée. En application de la loi du 11 mars 1957, il est interdit de reproduire intégralement ou partiellement le présent ouvrage, sur quelque support que ce soit, sans autorisation de l'Éditeur ou du Centre Français d'Exploitation du Droit de Copie , 20, rue Grands Augustins, 75006 Paris.

ISBN : 978-1976344428

10   9   8   7   6   5   4   3   2   1

Émile Littré

De la Science de la vie dans ses rapports avec la chimie

Sciences

Table de Matières

INTRODUCTION 6

I. – COUP D'ŒIL HISTORIQUE. - COMMENT LA BIOLOGIE MARCHE AU-DEVANT DE LA CHIMIE.
8

II. – COMMENT LES IDÉES GÉNÉRALES S'INTRODUISENT DANS LA BIOLOGIE. 23

III. – COMMENT LA CHIMIE ATTEINT DE SON CÔTE LA BIOLOGIE. – DE LA CONDITION SUPÉRIEURE DES ACTES CHIMIQUES DANS LE CORPS VIVANT. 31

IV. - DE LA MALADIE. – CONCLUSION. 41

INTRODUCTION

Un célèbre chimiste, M. Liebig, a publié à peu près sous ce litre des *Lettres* où, avec la plénitude de son savoir, il expose les services que la chimie rend à la physiologie. Ce n'est pas l'objet que je me propose ici : mon but est d'examiner quelles sont les limites entre la chimie et la biologie, entre la science des actions moléculaires et celle de l'organisation vivante. Les terres *debatables*, pour me servir de l'expression que le grand romancier de l'Ecosse a rendue familière même aux oreilles françaises, ne se trouvent pas seulement aux frontières entre deux états, elles se trouvent aussi aux frontières entre deux sciences. La chimie s'occupe des combinaisons qui s'opèrent entre les substances. Or la vie elle-même est une combinaison et décombinaison perpétuelle, combinaison des substances qui entrent, décombinaison des substances qui sortent. Pourquoi donc la chimie n'entreprendrait-elle pas de résoudre ce problème que la nature lui offre, et de le donner tout résolu aux biologistes qui le poursuivent, aux médecins qui voient que tant de maladies sont une perturbation de cette combinaison et décombinaison ?

Les débats sur la méthode ne sont jamais des débats oiseux. Quiconque réfléchira sentira promptement que rien n'est plus important et n'a une plus durable influence que tout ce qui touche aux méthodes. Il y a dans l'empiétement d'une science sur l'autre un sophisme, implicite qui, par ses effets délétères, paralyse tout ce qu'il touche, sophisme qu'avant toute explication ultérieure il est possible d'indiquer. Remarquez-le, ce n'est pas la biologie qui tente d'expliquer les phénomènes chimiques à l'aide des lois qui lui sont propres ; il n'y a de ce côté aucune invasion ; il est trop clair que ses procédés ne sont pas applicables ; elle compare bien plus qu'elle n'analyse, et jamais ne recompose. Il n'en est pas de même de la chimie ; elle a rendu tant de services, elle touche de si près aux actions organiques, que, se laissant aller à sa pente, elle intervient dans un domaine qu'elle réclame comme sien en totalité ou en partie. Toutefois qui ne comprend, fût-ce d'intuition seulement et sans examen approfondi, que le cas vital est plus complexe que le cas chimique et que par conséquent essayer de résoudre l'un par l'autre, c'est laisser en dehors une part du problème, et sans doute la plus décisive, celle justement qui fait qu'il y a vie et non purement travail chimique ?

Les diverses parties de la science biologique, ou, si l'on ne veut considérer que deux de ses divisions, l'anatomie et la physiologie, sont très ignorées, même du public lettré et cultivé. À la vérité il n'est rien sur quoi le monde ait si facilement une idée ou un avis. Il n'est rien non plus qui nous serre, nous presse, nous intéresse à un tel degré. Les hommes, les animaux qui peuplent avec nous, le globe terrestre, les poissons qui habitent les profondeurs, les oiseaux qui planent dans l'air, les végétaux qui sont fixés immobiles au lieu de leur naissance, les races anéanties qui n'ont plus de représentants sur la terre, nous tous nous ne sommes, nous ne fûmes, nous ne serons que conformément aux conditions, aux lois qui gouvernent l'ensemble des êtres vivants, ou qui, abstraitement considérées, constituent la biologie : *in hoc movemur et sumus*. De là cette connaissance usuelle de tout ce qui s'y passe ; mais, comme c'est une science bien plus compliquée que la chimie, la physique, l'astronomie ou la mathématique, de là en même temps une méconnaissance radicale des éléments de cette grande doctrine. Ecoutez le premier-venu discourant sur une maladie quelconque (et une maladie est un cas relevant de la biologie) ; il vous dira qu'elle provient du sang, de l'humeur, que sais-je ? de toutes choses fort mal connues de celui qui parle, fort mal connues surtout dans leurs propriétés actives. Se taire en ce cas, ne pas donner d'explication est si rare, qu'on peut regarder le silence en pareille matière comme la marque d'un esprit discipliné et habitué à réfléchir sur l'étendue de ce qu'il sait réellement. J'essaierai donc de dissiper quelques-uns de ces nuages et d'exposer un point particulièrement ignoré, — comment une science qui au premier abord ne se compose que de dissections, de descriptions, d'observations, arrive finalement à l'abstraction, ou, — ce qui ici comme dans la plupart des circonstances est synonyme, — à la généralité.

Je ne résisterai pas non plus au désir de faire voir comment la maladie (en termes techniques, la pathologie) se rattache à la biologie. Il n'est personne qui, étudiant l'histoire, n'ait remarqué que partout les arts utiles ont précédé les sciences. On a employé la chaleur à toutes sortes d'usages avant d'avoir aucune théorie sur cet agent ; la métallurgie et la teinture ont fourni d'abondants produits avant que les notions chimiques qui en sont le fondement fussent seulement soupçonnées. Puis, la science abstraite faisant des progrès, les rôles se renversent, et les arts, qui d'abord avaient procuré matière et pour ainsi dire prétexte aux sciences, en deviennent les débiteurs, recevant d'elles leurs plus utiles perfectionnements. Il n'en a pas été autrement pour la biologie ; ce n'est pas par elle-même et de son chef qu'elle s'est introduite dans le inonde, c'est sous le couvert de la médecine ; longtemps elle a vécu à l'abri de cet art bienfaisant que les souffrances de la nature humaine ont fait naître de si bonne heure dans les sociétés primitives, et longtemps a tardé le moment où la médecine put avec sécurité prendre d'elle sa direction. Ce moment est à la fin venu, et la pathologie y trouve, elle y trouvera de plus en plus son guide véritable.

I. – COUP D'ŒIL HISTORIQUE. - COMMENT LA BIOLOGIE MARCHE AU-DEVANT DE LA CHIMIE.

Laissant ces deux points accessoires, qui se rencontreront en lieu et place, j'en viens au livre de MM. Robin et Verdeil, qui fait le sujet de cette étude,[1] aux *principes immédiats*, à la recherche desquels leur livre est consacré, et au rapport de la chimie et de la biologie, question qui dépend du résultat de cette recherche. Mais comment ces deux sciences, qui semblaient si loin l'une de l'autre, en sont-elles venues à se rencontrer ? Qu'y a-t-il de commun entre les phénomènes de la vie, si compliqués et si spontanés, et ceux que présentent les éléments et leurs combinaisons, les corps oxydables et les corps oxydons, les bases et les sels ! Certes, au temps d'Hippocrate ou d'Aristote, de tels contacts, bien loin d'être prévus, n'étaient pas même entrevus. Par quel acheminement sont-ils devenus réels ? Ceci implique non pas seulement une question scientifique, mais aussi une question historique de l'ordre le plus élevé, une de celles qui montrent à la fois la filiation et la connexion des choses, et comment ce qui a été absolument impossible à un

---

[1] *Traité de Chimie anatomique et physiologique, normale et pathologique, ou des Principes immédiats normaux et morbides qui constituent le corps de l'homme et des mammifères*, par Ch. Robin et F. Verdeil, 3 vol. in-8°, chez Baillière, 1853, avec un atlas de quarante-cinq planches gravées, en partie coloriées.

moment se trouve possible à un autre.

Il est besoin ici de quelque développement. Par une analyse de plus en plus profonde, les modernes en sont venus à résoudre le corps organisé et ses éléments, de sorte qu'il leur est loisible d'aller, s'ils veulent, dans cette étude du simple au composé ; mais il n'en a pas été ainsi à l'origine, et c'est du composé au simple que les premières spéculations ont procédé. En effet, qu'avaient les anciens observateurs devant les yeux ? Non pas les parties profondes, les muscles, les nerfs, les viscères, encore moins les parties fines, qu'une dissection soigneuse met à nu, encore bien moins ces parties si ténues, qu'elles échappent à l'œil et que le microscope seul en révèle l'existence, la forme et la texture ; mais ils avaient le corps entier, cet ensemble, si complexe d'organes. C'est au milieu de ce labyrinthe plus inextricable que celui de Thésée, et sans le fil qu'une main secourable avait remis au héros, que nos ancêtres scientifiques se hasardèrent avec un courage qui montre combien à un certain moment la passion du vrai devient puissante, et avec un succès qui doit toujours exciter la reconnaissance de leurs services. S'ils firent peu, c'est que peu était possible avec les ressources qu'ils possédaient, et si depuis on a fait beaucoup, c'est grâce à eux, grâce à ce procédé d'accumulation, qui, dans l'ordre intellectuel comme dans l'ordre matériel, enrichit les générations successives.

Empédocle, Démocrite, Alcméon, Hippocrate sont les plus anciens chercheurs dont l'histoire nous ait gardé le souvenir. Ils allèrent bien au-delà de la simple inspection du corps vivant ; ils pénétrèrent bien au-dessous de la première écorce. Et remarquez que ce que dit Virgile de son Orphée, qui aborde l'*antre du Ténare, la demeure sourcilleuse de Pluton et le roi formidable*, se peut dire de ceux qui essayaient de porter des mains curieuses dans les dépouilles de la mort. Une opinion vigilante, appuyée sur les croyances religieuses, en défendait les approches et ne permettait pas que la science violât les froides reliques appartenant à la tombe et aux dieux souterrains. C'était donc sur les animaux que se faisaient les études anatomiques, et, dans certaines circonstances favorables et à la dérobée seulement, on arrivait à apercevoir quelques parties de l'organisme humain lui-même. Avec des débuts aussi gênés dans une matière aussi difficile, les connaissances conquises ne furent pas grandes. Ainsi, pour donner une idée de l'anatomie d'Hippocrate et de son école, je dirai qu'on n'avait pas distingué le système nerveux, qui restait confondu sous une appellation commune avec les parties tendineuses et fibreuses, — qu'on prenait le cerveau pour une glande chargée de distribuer l'humeur pituiteuse par tout le corps, — qu'on croyait les artères pleines d'air, — et que la distribution des veines était complètement ignorée. Les muscles, aperçus en gros, n'avaient point été séparés et dénommés, de sorte que la théorie des mouvements était tout à fait rudimentaire. Cet échantillon suffit pour montrer comment l'on perçait peu à peu l'écorce qui enveloppait l'organisation, et comment on s'avançait à tâtons dans ce domaine inconnu et si attrayant pour l'intelligence même novice. Par quel côté pourtant les connaissances réelles ont-elles dû s'établir ? Je pose cette question pour qu'on s'habitue à considérer la filiation nécessaire des choses, qui est le nœud de l'histoire. Évidemment elles ont dû s'établir par ce qu'il y avait de plus simple et de plus accessible, de plus immédiatement soumis à l'observation, c'est-à-dire par le système osseux. Aussi dans Hippocrate, à côté de cette anatomie dont j'ai exposé la pauvreté, trouve-t-on des notions profondes sur les os, les articulations, leurs usages, — notions dont il a tiré le plus heureux parti pour la pathologie chirurgicale dans ses beaux livres *des Fractures et des Articulations*. Ces notions profondes sur l'ostéologie ne doivent donc aucunement surprendre, et *a priori*, la loi de l'histoire étant connue, on peut déterminer que par ce point a dû commencer l'anatomie positive.

Peut-être au premier abord quelques personnes seront-elles disposées à croire que la dissection n'offre aucune grave difficulté, et que, tenant une partie par un bout, il est facile d'arriver avec le scalpel à l'autre, d'isoler ainsi les organes, et d'en déterminer la situation et la forme. Il n'en est rien pourtant, et le fait seul de la lenteur avec laquelle l'anatomie s'est perfectionnée suffit pour montrer que les difficultés étaient réelles. Et en effet quel obstacle, si ce n'est un obstacle, invincible, aurait empêché des gens intelligents, curieux, résolus comme Hippocrate, de pénétrer plus avant dans ce dédale, et par exemple, prenant une veine quelconque, de descendre, aux extrémités, de remonter aux troncs, traçant ainsi l'arbre entier du système veineux ? Et voyez quelles idées différentes de la réalité s'en faisaient les hommes d'alors. Ayez d'abord dans la pensée qu'ils n'ont aucune notion de l'usage de ce système veineux qui est de rapporter au poumon le sang transmis par les artères et usé dans le trajet ; donc ils vont se faire des notions prises pour la plus grande part dans leur imagination, pour une petite part dans quelque fait isolé, mais incomplet, notions qui dès lors les guideront dans leurs dissections. Voici quelles étaient les opinions des hippocratiques sur l'origine des veines ; je dis les opinions, car on en distingue quatre différentes dans la collection qui porte le nom d'Hippocrate. Suivant les uns, le cerveau était l'origine des veines, qui allaient se terminer dans les mains et dans les pieds ; suivant les autres, la grosse veine qui longe la colonne vertébrale (sans doute la veine cave) donnait naissance aux veines ; suivant d'autres, les veines (mot qui comprenait aussi les artères) émanaient du cœur ; suivant d'autres enfin, les artères émanaient du cœur, et les veines, du foie. Rien de tout cela n'est vrai ; mais aussi quelle complication n'était-ce pas de suivre le cours de ces vaisseaux communiquant avec les artères par les capillaires invisibles à l'œil, prenant avec eux la veine-porte, qui est placée par exception entre deux réseaux capillaires, s'interrompant pour recevoir le cœur, se confondant par les veines pulmonaires avec le système artériel, et venant se croiser avec les vaisseaux lymphatiques ! Ce dédale devait être longtemps inextricable ; au fond, il était lié à la découverte de la circulation, comme l'a fait voir M. Flourens dans son histoire de ce grave événement physiologique. Et dans une science qui pendant si longtemps n'offre que des faits particuliers, sans qu'aucun fait général puisse surgir, combien les anciens médecins n'ont-ils pas enregistré d'observations qui étaient pour eux sans explication et qui témoignent de leur sagacité et de leur vigilance ! Ainsi les hippocratiques, tout en supposant que le cerveau est une glande, n'en avaient pas moins remarqué que dans les lésions de cet organe les effets sont croisés, c'est-à-dire que, si la lésion affecte le côté droit du cerveau, c'est le côté gauche du corps qui est paralysé, et inversement. Bien plus, on trouve dans leurs livres la description d'une maladie qui n'a peut-être été vue que par eux à l'état épidémique, — la luxation spontanée des vertèbres cervicales. Or, parmi les symptômes qu'ils y ont observés, ils signalent la paralysie d'une moitié du voile du palais. Les modernes ont noté en effet que, quand une moitié de la face est paralysée, la moitié correspondante du voile du palais et de la luette est aussi privée de mouvement. Cela tient à des distributions de filets nerveux dont Hippocrate et ses élèves ne pouvaient même avoir le pressentiment, et cependant le fait ne leur a pas échappé.

Entre les mains d'Aristote, l'anatomie prit un caractère tout différent. Cet esprit, le plus puissant peut-être que l'humanité ait produit dans la voie de la science pure et de la spéculation, saisit un point de vue nouveau, et qui devait faire la fortune de siècles bien postérieurs. Il compara les organes chez les animaux, commençant à établir de vraies généralités sur les conditions auxquelles la vie est soumise dans ses manifestations ; mais, comme toutes les conceptions qui dépassent de beaucoup le niveau des idées contemporaines et les moyens actuels de démonstration, la sienne resta sans imitateur. Personne dans l'antiquité, personne dans le moyen âge ne reprit l'œuvre d'Aristote ; *pendent opera interrupta minoeque murorum - Ingentes*. Ce grand édifice restait ainsi pendant et interrompu, lorsqu'enfin, l'anatomie particulière ayant suffisamment étendu son domaine, les modernes purent continuer Aristote et naturellement le dépasser.

C'est un fait bien digne d'attention que cette infécondité temporaire des aperçus les plus étendus, des suggestions les plus heureuses, des pénétrations les plus avancées, quand le moment n'en est pas venu. On s'imaginerait à tort qu'il est permis à des génies vigoureux d'intervertir l'ordre des temps, par exemple à Aristote d'inaugurer le règne de l'anatomie comparée dans une époque où l'anatomie particulière en était aux rudiments. Il est encore un autre exemple fameux, c'est celui de la rotation de la terre. Plusieurs savants dans l'antiquité avaient bien conçu que ce n'était pas le soleil et son immense cortège d'étoiles qui devaient tourner autour de notre globe : mais cette conception avait beau être la vérité, les preuves avaient beau être possibles, un épais rideau les cachait encore aux yeux même les plus perçants, et il fallait tout un ensemble de découvertes mathématiques, astronomiques, physiques, pour que ce grand fait naturel, triomphant du témoignage rebelle des sens, fût reçu par les intelligences. Peu à peu néanmoins, comme une vaste marée, monte la connaissance positive, rejoignant ce qui était trop avancé, raccordant ce qui était sans accord, et les générations témoins de ces grandes fortunes d'idées délaissées ou oubliées s'étonnent que ceux qui en furent les contemporains aient été assez peu clairvoyants pour laisser passer entre leurs doigts des vérités si palpables. C'est là qu'éclate dans tout son jour, dans toute sa force, le principe de la connexion historique, qui fait tout marcher pas à pas, ne permettant point que même les aperceptions des génies sagaces aient aucun effet prématuré.

Ce fut dans l'école d'Alexandrie que se poursuivit le travail d'investigation directe. Les rois d'Égypte, tout vicieux que furent plusieurs d'entre eux, n'en restèrent pas moins fidèles à l'esprit d'Alexandre et de son compagnon, le premier Lagide ; ils protégèrent les lettres et les sciences, et si Alexandrie ne rivalisa pas avec Athènes pour ces chefs-d'œuvre, produits d'une veine et d'un âge que rien ne put rappeler, elle eut dans cette maturité scientifique de la Grèce une place prééminente et une influence profonde sur les destinées de la civilisation. Là, l'anatomie prit un essor singulier, laissant bien loin derrière soi les essais des Démocrite et des Hippocrate. Les rois, se mettant au-dessus des préjugés contemporains, autorisèrent la dissection des corps humains. On assure même que les deux anatomistes qui ont dans cette école le principal renom, Érasistrate et Hérophile, allèrent jusqu'à porter une main cruelle et impie sur des criminels vivants que leur livrait la curiosité royale. Je veux croire, pour l'honneur de ces médecins, que c'est une calomnie inventée par les âges postérieurs (le premier qui nous en parle est Celse, et il vivait près de trois cents ans après eux), calomnie suggérée peut-être par leur témérité à interroger les dépouilles de la mort. Toutefois il ne faut pas oublier dans quel temps ils vivaient, quelles étaient les habitudes de cette cour d'Égypte, demi-grecque et demi-barbare : combien on faisait peu de cas de la vie des hommes ; comment ailleurs les gladiateurs inondaient de leur sang l'arène du cirque, égorgés, comme dit Byron, pour faire une fête romaine, *butcher'd in make a roman holiday*. Il ne faut pas oublier enfin que, même dans des époques plus civilisées et meilleures, il se commet des actes de barbarie révoltante, quand l'opinion qui s'alimente aux sources pures de la science, de la justice et de l'humanité, a ses défaillances et ses lâchetés. Dans les écoles d'Alexandrie, à la connaissance des os, qui était déjà si précise du temps d'Hippocrate, on ajouta celle des muscles, celle des nerfs, qui furent définitivement séparés des tendons, et dont les propriétés motrices et sensitives furent reconnues ; celle des principaux viscères, et en particulier du cerveau, qui cessa d'être considéré comme une glande. En un mot, le scalpel fit son office, et, en l'employant régulièrement, on arriva à discerner ce qui se présenta sous son tranchant.

Sans doute il lui restait bien des services à rendre, et tout ce que le scalpel seul pouvait découvrir n'était certes pas découvert. Il y a même lieu de remarquer combien, malgré trois ou quatre siècles (à compter depuis Empédocle et Hippocrate), on avait encore peu pénétré dans la profondeur du corps organisé. Manifestement, on n'est encore qu'à la première entrée des choses ; on n'a déterminé que ce qu'il y a de plus apparent, et, si je puis parler ainsi, de plus gros, c'est-à-dire qu'on distingue les os, les muscles, les nerfs, les tendons, les aponévroses, les ligaments, les veines, les artères et les viscères. Cette connaissance anatomique est parallèle à une connaissance physiologique de même valeur, et l'on sait qu'un muscle tire telle partie, que tel nerf communique le mouvement, tel autre le sentiment ; que l'estomac digère, que le foie fait la bile. En un mot, on a reconnu les usages tels qu'ils ressortent soit de la considération des parties, soit de cas pathologiques, soit d'expériences diversement instituées ; mais toutes les notions supérieures, qui ne peuvent en effet résulter que d'une anatomie également supérieures, font défaut. Les propriétés véritablement spéciales à un corps organisé n'ont point encore été rapportées aux éléments anatomiques qui les manifestent, car ces éléments eux-mêmes sont ignorés. Bien que l'on commence à posséder une masse assez notable de faits, on n'a donc point de doctrine, ou ce qu'on a sous ce nom émane des métaphysiques contemporaines. Il n'est personne qui ne voie qu'à tout cet ensemble de notions déjà réelles manque l'abstraction, la généralité, et, tant qu'on n'aura pas pu l'introduire, la biologie ne sera pas constituée, ressemblant plus à de l'érudition qu'à de la science, ayant des faits accumulés, mais point, de système positif qui les embrasse et les ordonne.

Cet état de choses dure encore bien longtemps. Galien, qui fut médecin de Marc-Aurèle, ne se signala pas, bien qu'habile anatomiste, par de notables découvertes. Ce qui le rendit justement célèbre fut la coordination qu'il apporta dans l'anatomie, dans la physiologie, dans la pathologie de son temps, et, systématisant, à son point de vue, toute la science de l'antiquité, il la transmit sous cette forme aux âges troublés qui devaient suivre. Ce fut de fait un bien grand trouble que l'invasion des Barbares dans l'Occident, et en Orient l'établissement de l'empire arabe. Toutefois, et semblables à ces coureurs de Lucrèce qui se passent le flambeau, ni les Latins ni les Arabes ne laissèrent s'éteindre le feu scientifique ; il n'y eut, grâce à eux, pas d'interruption, de solution, entre les anciens et les modernes ; mais la culture du moyen âge ne se tourna, ni chez les uns, ni chez les autres, du côté de l'anatomie, et, quand arriva la période que l'on désigne sous le nom de renaissance à cause de son retour passionné vers l'antiquité, elle trouva la connaissance du corps vivant à peu près au même point où l'avaient mise les grands anatomistes de la Grèce.

Vesale inaugura cette époque par de beaux travaux. Le scalpel reprit son œuvre longtemps interrompue ; des mains habiles le manièrent, et bien des découvertes qui avaient échappé aux anciens récompensèrent le labeur des successeurs modernes d'Hérophile et d'Erasistrate. Ainsi l'on reconnut les valvules des veines, disposition anatomique si importante pour arriver à la circulation du sang ; on traça le trajet des vaisseaux chylifères, apprenant enfin, ce qui avait été ignoré jusque-là, par quelle voie les matériaux réparateurs pénétraient dans le sang pour aller subvenir partout aux déperditions journalières. On suivit le réseau si ténu des vaisseaux lymphatiques, qui, aboutissant aussi aux grandes veines, apportent au sang la lymphe, produit recueilli en toutes les parties du corps. Et comme déjà un esprit de recherche plus puissant soufflait parmi les savants, comme l'astronomie avait fait de grands progrès, comme Galilée avait trouvé la loi de la chute des graves, un génie sagace, Harvey, mit le doigt sur ce qui avait, été presque touché par Galien, par Servet, par Césalpin, et démontra la circulation du sang.

Bien que nous soyons ainsi parvenus au XVIIe siècle et que nous approchions notablement du terme où la biologie doit enfin sortir de ses limbes, il est bien certain, malgré l'éclatante découverte du médecin anglais, que l'état de choses n'est pas alors changé fondamentalement. De plus en plus les détails deviennent connus, et il arrivera bien un temps où ces détails prendront un corps, se rangeront sous un système, et inspireront la généralité qui fait la science ; mais ce temps n'est pas encore venu. L'avance, au fond, est donc toujours très lente, bien que des faits sans cesse nouveaux et plus délicats soient enregistrés dans les livres des savants. Cela tient à deux causes qui d'ailleurs sont connexes. La première, c'est que la biologie est infiniment compliquée, et qu'elle offre des obstacles tout particuliers à l'investigation. La seconde, plus profonde et plus historique, c'est qu'il était besoin du système entier des sciences inférieures, mathématique, astronomie, physique, chimie, pour que l'esprit humain devînt capable de se mettre au point de vue biologique, tenté qu'il était toujours, dans ses haltes intermédiaires, de prendre pour point de vue celui de la physique ou de la chimie. Or ces sciences inférieures n'arrivaient à une certaine perfection qu'à fur et mesure, et les dernières même n'y atteignaient que dans les XVIIe et XVIIIe siècles. Ces deux causes sont connexes, car, parmi les sciences, les unes ne sont inférieures qu'en raison de leur simplicité relative, les autres ne sont supérieures qu'en raison de leur complication, et voilà pourquoi la doctrine ou systématisation des unes est nécessairement postérieure à celle des autres. Un habile anatomiste se comparait ingénieusement, lui et ses confrères, aux portefaix qui, connaissant très bien les rues de Paris, y circulent sans s'égarer, mais qui ne pénètrent pas dans l'intérieur des maisons et ne savent pas ce qui s'y passe. Le scalpel circulait en effet avec une grande sûreté dans les rues du corps humain, il en suivait les replis et les sinuosités, mais les maisons lui étaient fermées, ou, du moins s'il les ouvrait, il ne savait ce qui s'y faisait, et les ouvriers qui manipulaient les matériaux de la vie et entretenaient le jeu de l'organisme lui demeuraient invisibles.

Enfin, tout étant préparé, les travaux de détail ayant été poussés suffisamment, le système des sciences inférieures étant solidement établi, et en particulier celui de la chimie venant d'être inauguré avec un grand éclat, il se trouva un génie profondément spéculatif, Bichat, qui, abandonnant la voie suivie, se détourna des parties spéciales, et considéra les tissus dont la réunion constitue l'ensemble du corps. L'œil embrassa dès lors, au lieu des muscles innombrables, le tissu musculaire doué de la propriété motrice ; au lieu des filets nerveux disséminés de tous côtés, le tissu nerveux doué de la faculté de transmettre le sentiment et le mouvement ; au lieu des membranes diverses, le tissu séreux doué de la propriété d'isoler les organes et de fournir un liquide lubrifiant ; au lieu de la peau et des membranes qui tapissent les voies digestives et respiratoires, le tissu dermoïde, qui au dedans comme au dehors est l'intermédiaire entre les parties profondes et les milieux ambiants. Ainsi des propriétés déterminées furent assignées positivement à des tissus déterminés, et, ce qui était le vrai point de la doctrine, des propriétés générales furent reconnues à des tissus généraux, si bien que la fonction de la vie commença à se montrer dans son ensemble, et non plus, comme il était arrivé aux âges précédents, dans ses parties et ses fragments.

C'était pour en venir à ce pas décisif que tous les autres pas antécédents avaient été faits avec tant de lenteur, l'ourlant ce pas décisif dépendait, comme il a été dit plus haut, de l'accomplissement d'un autre travail qui se poursuivait, celui qui avait pour objet de constituer la physique et la chimie, — et s'il avait été possible historiquement que l'établissement de ces deux sciences fut reculé davantage, le génie individuel, non encore suffisamment pourvu par le génie collectif, n'aurait pu venir à bout de résoudre le problème ; il eût laissé aux générations futures le soin et la gloire de réussir. Ainsi, d'une part, il est pleinement manifeste que le génie, qui paraît être si libre dans son développement et avoir si peu besoin d'aide et de concours, est pourtant dans le fait étroitement subordonné à la marche générale ; ni Bichat, ni Newton, ni Descartes, venus plus tôt, n'auraient immortalisé leurs noms par les découvertes qui y sont attachées. D'autre part, on aperçoit simultanément qu'il serait possible de tracer le linéament idéal de l'évolution humaine, du moins dans sa partie scientifique, et, au moyen de ce linéament, de faire la critique de cette évolution, c'est-à-dire de montrer en quoi elle s'est fourvoyée, en quoi des questions ont été prématurément entamées que l'étal de civilisation ne permettait pas de traiter, et comment de la sorte des forces ont été mal employées et perdues. On pourrait donc affirmer que la biologie, dans sa période rudimentaire, a occupé trop d'esprits, qu'il aurait mieux valu s'adonner aux travaux susceptibles d'avancement, et que par cette impossibilité, longtemps prolongée, d'aucun succès définitif s'expliquent les lenteurs et même les interruptions de sa marche ; mais ceci m'entraînerait trop loin de mon sujet. Je ne puis cependant m'empêcher d'ajouter que la meilleure préparation à l'étude de l'histoire générale est l'étude de l'histoire scientifique.

Le corps vivant n'est pas seulement composé de solides, les liquides y entrent pour une très forte proportion, et quelques-uns y jouent un rôle excessivement important ; il suffit de nommer le sang, qui circule avec une grande célérité à travers tous les organes, qui, à chaque tour par le poumon, passe sous l'action vivifiante de l'air, qui reçoit par les chylifères les sucs extraits des aliments, qui fournit à toutes les nutritions, à toutes les sécrétions, et qui, par l'intermédiaire des capillaires, est constamment divisé en deux parts : l'une artérielle, rutilante et propre à tous les usages ; l'autre veineuse, d'un rouge foncé, usée, si je puis parler ainsi, et allant chercher sa revivification dans les cellules pulmonaires. Or les *humeurs*, c'est le nom qui sert à désigner ces liquides, ne furent pas moins difficiles à étudier que le reste, on peut même dire qu'elles le furent davantage, car on n'est arrivé qu'après la connaissance générale des solides à la connaissance générale des humeurs. Au milieu de cette infinie variété de substances, — les unes propres à l'état de santé, les autres propres à l'état de maladie, — les unes demeurant closes dans les tissus, les autres destinées à venir au dehors, — il fallut déterminer ce qui était constituant et ce qui ne l'était pas, et de ce travail surgit la notion de quatre humeurs qui sont douées de la propriété élémentaire de toute vie, c'est-à-dire d'un mouvement double et continu de composition et de décomposition. Ces humeurs sont le sang, le chyle, la lymphe, et ce que les anatomistes nomment le *blastème*, c'est-à-dire un liquide apte à fournir des germinations, des productions.

La voie était ainsi largement ouverte, et on s'y précipita de tous côtés. Un instrument que la physique avait créé depuis quelque temps (remarquez que jusque-là il n'avait été que d'un très faible usage à la biologie, qui n'était pas assez avancée pour en profiter), le microscope, devint l'agent indispensable des découvertes ultérieures. Lui seul permettait de suivre la nature sur le terrain où la nouvelle position de la question avait transporté les recherches. Ce n'était pas avec l'œil simple qu'il était possible de classer les tissus et de poursuivre la dissection jusqu'aux éléments. Ces éléments furent enfin trouvés, et il fut reconnu qu'ils se réduisaient à trois : l'élément végétatif, qui compose les végétaux et une grande part du corps des animaux, et qui est doué de la propriété fondamentale de tout organisme vivant, la nutrition, c'est-à-dire un travail double et continu de composition et de décomposition ; — l'élément musculaire, qui est doué de la contractilité et qui exécute les mouvements nécessaires, soit qu'il s'agisse de mouvoir le corps ou les membres, soit qu'il faille lancer le sang circulairement dans le système sanguin ou faire cheminer les matières alimentaires dans les conduits digestifs : — enfin l'élément nerveux, qui est doué de la sensibilité, commande aux muscles, apporte les sensations, et élabore la pensée. C'est à ces trois éléments que se réduisent toutes ces choses si complexes qui constituent l'organisme. On a ainsi sous les yeux toute la trame de la vie : l'élément cellulaire, qui est partout l'agent de la nutrition, l'élément végétatif, qui est l'agent de la contraction, et l'élément nerveux, qui est l'agent de la sensibilité.

On sait que la chimie, peu de temps après qu'elle eut été constituée à la fin du dernier siècle, apprit à ceux qui étudiaient les corps organisés de quelles substances ces corps étaient formés. Elle fit voir qu'on n'y trouvait aucune substance particulière, aucune qui ne fût déjà dans le règne de la nature générale, aucune qui fût spéciale à ce petit règne dit règne organique. Toutes les parties qui avaient eu vie furent désagrégées et réduites finalement en oxygène, en hydrogène, en azote, en carbone, plus quelques métaux, quelques bases, quelques sels. Ce fut un grand enseignement. D'abord on vit (ce fut ce qui se vit d'abord) que la matière des corps organisés n'était nouvelle que dans sa forme et nullement dans ses éléments, qui étaient ceux de la matière brute ou inorganique, et qu'il y avait entre ces deux matières un vaste mouvement de circulation, la matière vivante prenant et rendant éternellement à la matière brute, qui est là comme un immense réservoir, semblable à la mer par rapport aux nuages et aux cours d'eau. On vit ensuite (et cela était déjà plus reculé et plus caché) qu'au fond la vie ne s'attachait pas indifféremment à toute espèce de substance, qu'elle avait une certaine vertu élective, et que ses rapports essentiels étaient avec l'oxygène, l'hydrogène, l'azote et le carbone. Ceci rétrécissait infiniment le champ qui lui restait ouvert, et l'on put reconnaître aussitôt la condition naturelle qui fait que la masse vivante est si petite par rapport à la masse non vivante. On vit enfin (et cela était encore d'une philosophie plus élevée et plus abstraite) que, puisque les corps organisés étaient faits de la matière générale, seulement modifiée d'une manière nouvelle, de toute nécessité ils étaient soumis à deux ordres de lois, les unes qui sont celles de la matière générale, les autres qui sont celles de la matière organisée. Les premières sont préexistantes aux autres, en sont le fondement, et on est sûr de les rencontrer dans les corps vivants ; les autres sont une superposition, on ne peut les connaître qu'à la condition de connaître les premières, dont elles sont par cela même distinctes. Cet aperçu, suivi avec la profondeur qu'il comporte, suffirait pour vider le débat de la chimie et de la biologie, en montrant ce qui est du domaine de chacune ; mais ce n'est pas par ce côté que j'ai entrepris de traiter la question.

Entre *les principes médiats* du corps vivant[1] et les dernières parties générales auxquelles nous sommes arrivés, éléments végétatif, musculaire et nerveux, il est un intervalle qui doit être comblé pour que l'on puisse définitivement poser le problème de la nutrition, et par suite celui de la maladie. Les intermédiaires cherchés sont les *principes immédiats*, nommés *principes* parce qu'ils sont les parties constituantes de l'organisme, et *immédiats* parce que c'est sous leur forme propre et en nature qu'on les y rencontre. MM. Robin et Verdeil les définissent : « derniers corps constituant ou ayant constitué l'organisme auxquels on puisse, par l'analyse anatomique, ramener la substance organisée, et qu'on ne peut subdiviser davantage en plusieurs sortes de matières sans décomposition chimique. » *Les principes immédiats* sont fort nombreux, surtout si, ne se bornant pas aux animaux, on rassemble ceux des végétaux, ce qu'il faudra bien faire quand on voudra avoir une anatomie générale véritablement complète. Les deux auteurs du *Traité de Chimie anatomique* en nomment quatre-vingt-seize ; ils remarquent qu'ils sont au nombre de quatre-vingt-cinq ou quatre-vingt-dix dans le corps humain, et de quatre-vingt-dix ou cent, en considérant l'ensemble des mammifères. Ils ajoutent que ce nombre ne peut pas être fixé d'une manière absolue présentement, pour deux raisons, d'abord parce qu'on en découvrira quelques-uns de plus dans des résidus ou extraits encore imparfaitement analysés, puis parce que, entre les corps décrits comme *principes immédiats*, il en est quelques-uns dont l'existence est douteuse. Je

---

1   Ainsi nommés parce qu'ils y entrent non pas sous la forme d'oxygène, d'hydrogène, etc., mais sous celle de combinaisons très complexes, de muscles, de chairs, de peau, de tendons, de membranes, etc.

ne transcrirai pas la liste donnée par MM. Robin et Verdeil, je dirai seulement que les uns sont une substance organisée, par exemple la fibrine qui se trouve dans le sang, l'albumine qui se trouve dans le blanc d'œuf et les sérosités ; que d'autres sont des sels, par exemple le phosphate de chaux, qui donne aux os leur solidité ; que d'autres enfin sont des gaz, par exemple l'oxygène, qui circule dans le sang.

Nous voilà parvenus aux bases mêmes de l'anatomie générale. C'est une longue course à travers le temps, mais c'est aussi une longue course à travers les choses. Il faut remonter jusqu'aux premiers temps de la culture scientifique chez les Grecs pour rencontrer les rudiments de la recherche biologique. Le temps s'écoule et les résultats s'amassent lentement, de sorte que vingt-cinq siècles environ nous séparent de l'origine ; mais aussi combien le commencement de la route était loin du terme actuel ! combien de difficultés l'embarrassaient ! Il fallait de toute nécessité aller du composé au simple, et quel composé ! la vie sous toutes ses formes végétales et animales ! l'organisme et toutes ses parties ! Quel amas de faits particuliers ! et quand ces faits particuliers eurent été suffisamment étudiés et reconnus, quel effort de systématisation pour y saisir les vraies notions générales qui pouvaient ramener tout cela à un certain nombre de lois !

En même temps que nous touchons aux bases de l'anatomie générale, nous touchons aussi aux limites mêmes de la chimie. En effet, nous sommes en présence de gaz, de sels, de substances qui s'associent et se dissocient. C'est là le domaine de la chimie ; elle seule nous apprend à reconnaître ceux de ces corps qui sont simples, à séparer les éléments de ceux qui sont composés, et à distinguer comment ils se composent en se combinant et se décombinant. Les contacts sont donc évidents ; la coopération de la chimie est indispensable, et si, quand il s'agira de tracer les limites de cette coopération, elle prétend s'arroger la plus grosse part, qui ne comprend ce qui a rendu ses prétentions naturelles et ce qui soulève un important débat de méthode et de philosophie ? Qui ne voit en même temps que ce conflit provient de la marche des choses, conflit aussi inévitable aujourd'hui qu'il fut impossible jadis ? C'est à ce point de vue que l'on aperçoit dans tout leur jour ce que je nomme les connexions et, si l'on veut, les incompatibilités historiques. Ainsi la chimie et la biologie ne pouvaient avoir une véritable rencontre qu'au moment où, d'une part, la chimie serait devenue assez habile pour isoler les corps composants, et où d'autre part la biologie aurait séparé les éléments des corps organisés. Les deux opérations ont marché l'une vers l'autre ; d'âge en âge, elles se rapprochent, et on peut compter sur l'une ou sur l'autre les étapes qui se font. Quand définitivement elles viennent au contact, c'est là véritablement une grande époque pour le développement scientifique. En effet, la science positive avait eu jusqu'alors deux tronçons, l'un, le plus considérable et le plus cohérent, composé de la mathématique et de ce qu'on appelle sciences inorganiques, l'autre, plus court et plus rudimentaire, formé du domaine organique. On sent combien cette disjonction jetait d'incertitude dans l'esprit humain, et combien il gagna de consistance à la supprimer. La série devint immédiatement linéaire, c'est-à-dire unique de double qu'elle était, et la biologie, se superposa aux sciences antécédentes, comme leur suite aussi bien historique que dogmatique.

En suivant du regard la décomposition successive opérée par les anatomistes, on trouve d'abord le *corps*, ensemble très complexe qui se présente le premier à l'étude. Puis viennent les *appareils* ; ce sont des mécanismes qui ont pour but d'accomplir une *fonction*. Tel est l'appareil respiratoire, qui exécute la fonction de respiration et qui comprend les poumons, les bronches, les muscles inspirateurs et expirateurs, la portion du système nerveux qui l'anime ; ou bien l'appareil circulatoire, qui pourvoit au mouvement des liquidas et qui est formé du cœur, des artères, des veines, etc. Les appareils à leur tour se décomposent en organes qui servent à un usage, par exemple le cœur à lancer le sang dans les vaisseaux, le poumon à opérer l'introduction de l'oxygène dans le sang, le foie à fournir la bile (un des agents de la chylification) et le sucre versé dans le sang, le pancréas a donner le liquide qui digère les corps gras, etc. Mais l'on comprend bien que les premiers anatomistes n'ont pas connu les appareils, et que du corps considéré en bloc ils sont allés directement aux organes : il a fallu un retour sur soi pour composer les organes en appareils. La notion d'appareils est une intercalation faite après coup dans la méthode d'étudier. Je note ceci pour qu'on se garde bien de confondre l'ordre dogmatique, qui est l'ordre d'enseignement des choses trouvées, avec l'ordre historique, qui est l'ordre de leur découverte successive.

Émile Littré

Après les *organes*, la suite que j'ai mise sous les yeux du lecteur nous conduit aux *tissus* et *humeurs*, puis aux *éléments anatomiques* et aux *principes immédiats*. À vrai dire pourtant, ce n'est qu'une suite apparente ; dans le passage des uns aux autres, il y a changement complet de terrain. Aussi, dans les *Tableaux d'Anatomie* de M. Ch. Robin, excellents d'ailleurs et auxquels j'emprunte beaucoup, je regrette de ne pas trouver cette transition caractérisée, comme, à mon sens, elle devrait l'être. On dira peut-être que l'organe se partage réellement en tissus, et que le cœur, par exemple, se décompose en tissu musculaire, tissu séreux qui l'enveloppe à l'extérieur, tissu artériel ou veineux qui le tapisse à l'intérieur : mais au fond cela n'est qu'une apparence. Dans la conception réelle des tissus, ce n'est pas l'organe particulier qui, se décomposant, offre la notion cherchée ; c'est au contraire l'idée de tissu qui, conçue isolément de tout organe, vient y porter la lumière. On ne peut donc pas dire que de l'organe on passe au tissu, car de fait ce qui est le véritable passage, c'est que de l'idée particulière on passe à l'idée générale.

II. – COMMENT LES IDÉES GÉNÉRALES S'INTRODUISENT DANS LA BIOLOGIE.

Ceci même m'amène à considérer ce que je m'étais proposé, c'est-à-dire comment, dans une science telle que la biologie, on était parvenu à former des abstractions suffisamment positives pour servir de base à une doctrine. Il faut bien se représenter les conditions du problème. D'abord cette science ne pouvait marcher que du composé au simple ; ce qu'elle étudia d'abord, c'est le corps organisé dans son ensemble ; puis, quand elle essaya de pénétrer dans cet ensemble, elle ne rencontra que des parties fort complexes. Ainsi la moindre portion qui s'offrait aux anciens anatomistes était, dans la réalité, bien autrement compliquée qu'elle ne paraissait. Un muscle, quel qu'il soit, présente non-seulement la libre musculaire qui est tout ce qu'on croit d'abord y trouver, mais un tissu cellulaire, des artères, des veines et des nerfs. De la sorte, par une illusion qui est si fréquente dans l'étude de la nature, le corps, qui était le composé naturel, n'était pas le composé scientifique, celui qui pouvait fournir l'abstraction, la généralité. La Fontaine a dit :

> Quand l'eau courbe un bâton, ma raison le redresse,
> La raison décide en maîtresse ;
> Mes yeux, moyennant ce secours,
> Ne me trompent jamais en me mentant toujours.

C'est à faire que ce *mensonge perpétuel* nous *trompe* de moins en moins que la science travaille.

Quand en effet il est devenu visible que le composé naturel ne fournit pas des généralités ou n'en fournit que de fictives, et qui, sans aucune valeur pour la biologie même, n'en ont une certaine qu'à titre d'exercice pour l'esprit humain, c'est l'étude des particularités qui prévaut. Ces particularités n'ont qu'un mérite, c'est d'être réelles ; à part cela, elles ne donnent aucune doctrine qui éclaire et guide dans les ténèbres. Il est vrai qu'il n'en faut point faire fi, car il viendra un temps où elles prendront corps et vie et entreront, comme autant de particules nécessaires, dans le système : mais, avant ce moment-là, on conçoit fort bien comment des esprits avides de savoir et impatiens du temps et des obstacles ont pu les prendre en dédain et les frapper d'anathème. Tel fut le cas de Platon : il avait un mépris infini pour tout ce qui portait, le caractère du fait particulier, et, comme il disait, de l'empirisme. Il est vrai qu'alors l'empirisme était bien humble, n'ayant fourni de solides déductions qu'en géométrie et en astronomie. Aussi était-ce la période où les conceptions métaphysiques (j'entends par métaphysiques celles qui sont abstraites sans s'appuyer sur la réalité) avaient le plus ample domaine et la fortune la plus haute.

Il n'est pas hors de propos de donner un échantillon des conceptions générales qui se formaient sur ce sujet alors qu'elles étaient impossibles, dans l'antiquité, par exemple, où l'on était le plus loin du terme. Il y a dans la collection hippocratique un livre intitulé *Des Chairs* qui contient une tentative de ce genre. L'auteur, qui n'est pas Hippocrate, mais qui n'en appartient pas moins à une époque très reculée, essaie d'expliquer la formation des organes : « Ce que nous appelons le chaud, dit-il, est, à mon avis, immortel, a l'intelligence de tout, voit, entend, connaît tout, le présent comme l'avenir ; quand toutes choses se confondirent, la plus grande partie du chaud gagna la circonférence supérieure : c'est ce que les anciens me paraissent avoir nommé éther. Le second élément, placé inférieurement, s'appelle la terre, froid, sec et plein de mouvement, et de fait il a une grande quantité de chaud. Le troisième élément, qui est l'air, occupe, étant un peu chaud et humide, l'espace intermédiaire. Le quatrième, qui est le plus près de la terre, est le plus humide et le plus épais. » Ce sont, pour me servir de l'expression moderne, les *principes médiats* de l'auteur, principes qui, comme on le voit, ne peuvent servir à rien, puisqu'ils comprennent un agent impondérable, le chaud, — l'eau et l'air, qui sont chacun formés de deux gaz, — et enfin la terre, qui est un amas de substances diverses. Pois de là il ne passe pas aux *principes immédiats*, notion qui est en effet inaccessible pour lui, mais il passe aux organes mêmes, le cœur, les veines, etc., dont il explique la formation en supposant que les proportions de chaud varient dans les parties de terre. La généralité est ici patente ; c'est le chaud, principe actif et intelligent, qui, se mêlant à la terre, l'anime et lui donne toutes les formes vivantes des organes ; la généralité, dis-je, est patente, mais la réalité fait défaut, et, puisque de telles spéculations ont paru dignes d'occuper et ceux qui les écrivaient et ceux qui les lisaient, elles témoignent combien toute science positive était encore fermée aux esprits les plus actifs.

Pourtant ces spéculations qui touchent à l'histoire par ce témoignage y touchent aussi par un autre point qui a son importance. L'auteur, sentant qu'il était nécessaire de leur donner une base, avait dit : « Je n'ai besoin de parler des choses célestes qu'autant qu'il faut pour démontrer quelles parties sont nées et se sont formées, ce qu'est l'âme, ce qu'est la santé et la maladie, ce qu'est le mal et le bien dans l'homme, et par quelle cause il meurt. » Remarquez quelle est sa base : l'étude des choses célestes, c'est-à-dire l'astronomie. Or l'astronomie était la seule science qui, après les mathématiques, eût à cette époque acquis une certaine consistance. Sa base ne peut être la physique ni la chimie, qui n'existent pas, et qui cependant constituent autant de degrés pour monter à la conception de la biologie. Il y a donc un vaste intervalle que l'auteur essaie en vain de franchir et qu'il comble à l'aide d'hypothèses sans autorité et sans valeur. La faiblesse même de ces hypothèses, la vaste distance à laquelle elles sont de la réalité, donnent la mesure de la difficulté relative du problème, de l'insuffisance provisoire de l'esprit scientifique ; mais n'en considérez pas moins comme un fait très instructif cette nécessité qui oblige un auteur hippocratique à s'adresser à l'astronomie, pour concevoir la formation des parties vivantes, quand il pourrait, ce semble, se livrer sans contrôle à son imagination ! Si l'on demande comment il se fait que les penseurs spéculant sur les êtres organisés prennent cette voie, on comprendra qu'ainsi le voulait l'état général de la science contemporaine, le point du développement simultané.

Encore un exemple (celui-là, je l'emprunte à Galien) de la distance énorme qui se trouvait entre les idées générales de l'antiquité et les phénomènes réels. Cet autour, dans son opuscule sur les *Mœurs de l'âme*, où, s'occupant des facultés intellectuelles, il s'occupe de la partie la plus difficile de la biologie, de celle qui par conséquent lui était la plus inaccessible, est d'opinion que plus le tempérament est sec, plus l'âme devient sage. « Lors même, dit-il, qu'on ne voudrait pas concéder que la sécheresse est une cause d'intelligence, je pourrais du moins invoquer le témoignage d'Héraclite lui-même ; car n'a-t-il pas dit : *Ame sèche, âme très sage*, pensant que la sécheresse est la cause de l'intelligence ? Et il faut croire que cette opinion est la meilleure, si nous songeons que les astres, qui sont resplendissants et secs, ont une intelligence parfaite ; car, si quelqu'un disait que les astres n'ont point d'intelligence, il paraîtrait ne pas comprendre la puissance des dieux. » Comme toujours, c'est dans l'ensemble cosmique tel qu'il le conçoit, et spécialement dans les astres, que l'auteur va chercher la généralité ; comme toujours, cette généralité, qui est ici une assimilation de la *sécheresse* avec les phénomènes réels, ne se rapporte à l'objet dont il est question que dans l'esprit de celui qui tente de telles combinaisons abstraites. Et si, analysant de plus près ce rapport, on voulait en déterminer la nature, on verrait qu'il n'est pas, comme la conception même, chimérique et illusoire ; qu'il est positif en tant qu'historique, dénotant la concordance nécessaire entre toutes les notions. Il explique d'une manière satisfaisante la singulière aberration qui fait prendre à des hommes d'ailleurs très éclairés et très pénétrants de vains mots pour des choses. Sans cela, tout est mystère dans les premiers essais de généralisation ; avec cette clé, tout s'éclaircit. Les mots sont vains pour nous qui avons une tout autre conception du monde que n'en avaient nos aïeux ; ils étaient des choses pour eux, qui, ne connaissant pas l'agence intermédiaire de la physique et de la chimie, n'apercevaient, du monde, que les relations delà terre avec le ciel.

Si c'était ici le lieu, je ferais rémunération des systèmes de biologie ou de médecine (on peut prendre les uns pour les autres, longtemps ils se confondirent), et je montrerais comment ils descendent successivement de ces stériles hauteurs pour se rapprocher sans cesse à l'aide des sciences nouvelles qui se constituent. Déjà les systèmes physiques sont plus près de la réalité que ces systèmes de l'antiquité, qui s'appuyaient sur les éléments et sur les astres. Les systèmes chimiques, venant plus avant dans les mouvements intimes de la matière, donnent sur la vie des conceptions plus spéciales, et qui serrent davantage le problème. On a là un moyen de comprendre et de classer les systèmes de médecine : ils cessent d'être une aride série, qui, n'offrant point d'enchaînement, n'offre point d'instruction. Liés entre eux par leur rapport constamment historique avec l'ensemble de la connaissance, ils montrent la pensée biologique suivant, comme une aiguille aimantée, toutes les phases du savoir, et se tournant successivement vers celle des sciences qui l'amène à de plus grandes profondeurs, jusqu'à ce qu'enfin, les temps étant accomplis et ces notions préparatoires étant acquises, une illumination se fait dans quelque esprit puissant, et on met définitivement le pied sur le véritable domaine des idées générales de la biologie, et, partant, de la médecine.

La considération du corps organisé en son ensemble étant beaucoup trop complexe pour suggérer aucune généralisation satisfaisante, et, par suite, la dissection ayant cherché et isolé un nombre infini de parties dans ce tout, il fallut, on le voit, qu'une méthode plus puissante que celles qu'on avait employées jusqu'alors s'appliquât au problème. Cette méthode fut la *comparaison*. Entre les parties ainsi disséquées et isolées, elle nota des analogies, des ressemblances qui lui permirent d'analyser le corps tout autrement que n'avait fait la simple dissection. Au lieu de le partager en organes et en fragments d'organes, elle le partagea en tissus, qui s'étendent sur des groupes d'organes, et qui partout offrent la même disposition, le même arrangement, et, je dois ajouter, les mêmes propriétés. À ce point de vue, le corps ne se présente pas comme une réunion d'organes ayant des configurations spéciales, mais il se présente comme une réunion de tissus ayant chacun sa texture. On peut dire, en se servant du langage mathématique, que la dissection simple est l'anatomie élémentaire, et que la dissection par comparaison est l'anatomie transcendante. C'est par cette voie que s'introduisit finalement l'abstraction ou généralisation dans l'étude de la biologie, qui dès lors, cela est évident de soi, se trouva constituée comme science. Elle n'eut plus à craindre d'être considérée comme un cas particulier soit de la physique, soit de la chimie, suivant que prévalaient les doctrines physiques et chimiques. L'esprit scientifique était, par ce dernier échelon, arrivé non-seulement à voir, ainsi que faisaient nos devanciers, la vitalité comme attribut total du corps, — attribut que tantôt, cherchant le côté positif, on confondait avec les phénomènes de chaleur, d'électricité, de chimie, et tantôt, cherchant le côté général, on adjugeait à la métaphysique ; — mais encore il était arrivé, combinant le côté positif et le côté général, à distinguer certaines textures communes correspondant à certaines propriétés communes aussi.

En effet, c'est uniquement par une vue de l'esprit et pour la facilité de l'étude que l'on sépare l'anatomie de la physiologie, l'état inactif et immobile de l'état mobile et actif. Embrasser simultanément le tissu et sa propriété est ce qui distingue toute spéculation positive de toute spéculation métaphysique ou de toute spéculation physique et chimique sur la biologie. Quand on ne considère que les propriétés ou facultés sans considérer la texture, on laisse une part du phénomène réel, part qui le limite, le resserre, et le rattache à ses conditions immanentes. Quand au contraire on ne voit que la texture et qu'on ne la rapporte pas à ses propriétés, qui sont spéciales, on rétrécit le champ, on abaisse la recherche, et, faisant qu'elle ne porte plus sur le fait total, on ramène une question de vitalité à une question d'électricité ou d'affinité, et cela sans profit, puisque c'est appliquer à la serrure une clé qui ne l'ouvre pas. Mais, remarquez-le bien, la conception des propriétés de tissu, qui est si profonde parce qu'elle est si réelle, ne se rapporte aucunement à ce qu'on appelle usage d'un organe ; elle est d'un ordre bien plus relevé. Ainsi le cœur a pour usage de lancer le sang dans les vaisseaux, et cet usage, pour peu qu'il survienne quelque désordre dans la disposition du viscère, éprouve une perturbation correspondante ; si quelqu'une des valvules qui ouvrent et ferment les orifices cardiaques est lésée, il y aura trouble dans la circulation, changement dans l'impulsion, altération des bruits qui se produisent dans ce qu'on nomme les battements du cœur. Ce sont là des rapports manifestes et constants entre l'organe et l'usage ; il n'en faut pas moins se garder de confondre cet usage (et tout organe à un usage) avec les propriétés primordiales des tissus. Chaque organe remplit des usages spéciaux, mais il les remplit en vertu de ces propriétés mêmes, qui lui sont inhérentes par l'intermédiaire des tissus qui le composent.

Ayant ainsi touché les fondements de l'anatomie générale, qui reposent sur une certaine manière de comparer, on peut revenir au mode de comparaison qu'Aristote avait institué de si bonne heure. On ne confondra pas ces deux modes, car ils sont essentiellement différens, et au philosophe grec dont le génie a entrevu le premier, le second était interdit par la nature des choses et par l'évolution historique. De même que, voulant écrire son traité de politique, il rassembla toutes les constitutions à lui connues, afin de donner une base expérimentale à ses aperçus, de même, voulant spéculer sur la structure des animaux, il rapprocha les descriptions des parties semblables. Dire comment il s'arrêta dans le chemin de la biologie, c'est dire comment il s'arrêta aussi dans le chemin de l'histoire et de l'organisation sociale ; de son temps, rien n'était prêt pour la solution, il ne put que montrer la rectitude de Son jugement, la puissance de son esprit, et écrire ce qui, après avoir été un aliment pour tant de générations, a perdu enfin cet office et pris désormais celui de document impérissable de l'histoire scientifique. Le procédé de comparaison employé par Aristote menait non pas à créer l'anatomie générale, mais à voir comment un même appareil et par suite une même fonction se modifient dans la série vivante pour s'accommoder aux circonstances diverses de l'être. Ainsi, par exemple, c'est la comparaison qui nous apprendra ce que devient l'appareil respiratoire dans les mammifères, dans les oiseaux, dans les reptiles, dans les poissons ; en un mot, par elle nous saurons toutes les conditions auxquelles l'organisation est assujettie, comment la vie se fait jour entre les nécessités imposées par les lois du monde inorganique où elle est implantée et la force qui lui est inhérente, comment, obligée, pour durer, d'absorber l'oxygène, elle transformera l'organe respiratoire, suivant que ce gaz est dans l'air ou dans l'eau. C'est la comparaison qui, de déduction en déduction, a suggéré la conception de la hiérarchie des êtres vivants ; mais, pour porter tous ses fruits, elle avait besoin d'être assise sur l'anatomie générale, qu'elle ne pouvait fournir. Aussi la tentative d'Aristote, qui, toute grande qu'elle fut, ne dépassait pas les connaissances de son temps, ne devait point avoir de suites immédiates, non plus que la doctrine qu'il établit dans son traité *De l'Ame*, et où il touche de bien près les propriétés essentielles à la matière vivante. Il ne lui manque qu'une chose pour y arriver : mais cette chose est justement ce qui devait occuper tant de siècles et demander tant d'acquisitions préparatoires : c'est de rapporter à des éléments déterminés les propriétés qu'il entrevoit. Ne le pouvant, attendu que ces éléments n'étaient pas connus, sa conception, toute réelle qu'elle est, rentre dans ces vues avancées que la science du temps n'a aucun moyen de prouver. C'est ainsi, je le répète, que les savants qui, dans l'antiquité, croyaient que la terre tournait autour du soleil, disaient vrai sans pouvoir prouver et établir ce qu'ils disaient. Par ce côté aussi on aperçoit ce qui est la base de toute biologie positive, à savoir le, rapport entre la propriété et la texture. Voyez Aristote : il touche un des côtés, mais l'autre lui demeure inconnu, et par le fait tout lui échappe.

Je me suis, je pense, expliqué jusqu'à ce moment d'une manière assez précise pour qu'on ne se méprenne pas sur le but de la biologie. Ce but est non pas de montrer ce qu'est la vie en soi, mais de montrer quelles sont les conditions de la vie. Ce sont deux ordres d'idées tout à fait différents : le premier appartient à l'enfance de la science, le second à sa maturité. On entend des hommes même éclairés se récrier sur l'imperfection de la médecine, maintes fois confondue avec la biologie, et demander qu'elle nous révèle enfin le mystère de l'organisation vivante. À cette question il n'est point de réponse, et, pour cela, la biologie n'est pas moins avancée que ses sœurs, car celles-ci aussi n'ont point de réponse à donner quand on les interroge sur la notion intime de ce qui fait l'objet de leur étude. Ni l'astronomie ne sait dire ce qu'est en soi la gravitation, ni la physique ce qu'est en soi le calorique, l'électricité, la lumière, ni la chimie ce qu'est en soi la puissance ou propriété de se combiner ou de ne pas se combiner que porte avec lui tel ou tel corps. Rechercher l'essence des choses, les causes premières, les causes finales, appartient à l'esprit humain quand, n'ayant pas encore mesuré ses forces, il suppose accessible ce qui, dans le fait, lui est complètement interdit. Il n'a aucun sens qui lui découvre une trace vers de pareilles régions. Il n'a aucun moyen direct ou indirect qui l'y conduise. Toutes les fois qu'il croit avoir trouvé un échelon, cet échelon ou se brise sous lui ou lui ouvre seulement d'autres perspectives, sans que jamais apparaisse la vue dernière qui doit le satisfaire. Aussi, instruit par l'expérience et arrivé à sa maturité, il cesse de poursuivre d'insaisissables objets, il rejette loin de lui les vains désirs qui ne sont pas de sa condition, et c'est alors que sa résignation résolue, portant les plus beaux fruits, lui révèle toutes ces agences merveilleuses qui accomplissent l'œuvre du monde, créant l'ensemble des sciences, admirable et fécond intermédiaire entre la pensée qui contemple et le bras qui agit.

III. – COMMENT LA CHIMIE ATTEINT DE SON CÔTÉ LA BIOLOGIE. – DE LA CONDITION SUPÉRIEURE DES ACTES CHIMIQUES DANS LE CORPS VIVANT.

Tandis que la biologie parvenait, après un long labeur, à déterminer les parties élémentaires des corps vivants, la chimie les atteignait aussi par une autre voie ; mais on a aussitôt l'extrême différence des deux points de vue biologique et chimique. Dans le premier, ces parties élémentaires sont les plus simples où l'organisme puisse se résoudre ; dans le second, elles sont les plus complexes que la chimie ait à étudier. L'alchimie, inconnue à l'antiquité, est une production du moyen âge, et à son tour la chimie est une production de l'alchimie. La nature des choses l'indique : l'étude chimique des corps organisés dut être postérieure à celle des corps bruts, car c'est la loi générale de l'esprit humain, il va toujours du plus facile au plus difficile, et, si l'on me permet cette expression, de ce qui est clé à ce qui est serrure ; quand se fourvoyant, dans son ignorance préliminaire, il entame des études prématurées, il en est puni par des retards qui finissent par tout remettre bout à bout. Or la première clé pour l'analyse des substances organiques est l'analyse même des substances inorganiques, celles-là ne pouvant exister sans celles-ci (ce qui, par parenthèse, montre la subordination nécessaire de la vie au monde inanimé). D'abord la chimie traita rudement les matières délicates qui arrivaient dans son creuset. Accoutumée à manier les sels et les alcalis, les gaz et les métaux qui, sublimés par le feu ou dissous dans l'eau, se retrouvent toujours, elle vit les agrégats bien plus mobiles et bien plus complexes qui constituent les organismes se dissiper ou se dénaturer sous ces épreuves trop grossières. Mobiles, ils disparaissaient sous ses doigts, ne laissant pour trace de leur existence que ces principes médiats, ces corps indécomposés en lesquels tout se résout ; complexes, ils se modifiaient sous l'analyse même, et prenaient des formes et des compositions toutes différentes de ce qu'ils étaient réellement quand ils faisaient partie de la substance vivante. Enfin, sous la direction de l'anatomie, qui voyait de jour en jour plus clairement ce qu'elle avait à demander, la chimie parvint à isoler, sans les altérer, les parties élémentaires, les principes immédiats des animaux.

Maintenant, ces parties élémentaires, ces principes immédiats étant ainsi isolés, à qui en revient l'éyude ? Est-ce à la chimie ? est-ce à la biologie ? Laquelle des deux doit en poursuivre les actions, en déterminer les combinaisons, en rechercher les propriétés ? A la vérité, il est bien manifeste que, sans la chimie, la biologie n'en aurait jamais obtenu la notion ; on n'a qu'à se représenter où elle en était à cet égard à l'époque où, nulle chimie n'existant, on essayait cependant de pénétrer dans la science de la vie. L'intervention de la chimie est donc ici nécessaire, elle indique d'une manière patente la subordination hiérarchique de la biologie, c'est-à-dire que celle-ci ne peut cheminer sans celle-là ; mais de cette intervention, toute nécessaire qu'elle est, il ne suit pas que les principes immédiats, en tant que partie du corps vivant, n'obéissent qu'aux lois chimiques et ne soient pas soumis à d'autres puissances que celles qui règlent les combinaisons et décombinaisons des corps inorganiques. En d'autres termes, il serait possible que la chimie fût ici un instrument sans doute indispensable, sans lequel l'exploration serait stérile et n'avancerait pas, mais pourtant un simple instrument, dont le rôle ne saurait être interverti sans dommage, ou bien au contraire il serait possible qu'à cette extrémité de l'analyse anatomique, quand on touche aux éléments et aux principes, la biologie perdit ses droits, et qu'à ces confins de l'ordre organique et de l'ordre inorganique les affinités fussent ce qui prédominât uniquement.

Émile Littré

Ce débat est très loin d'être simplement un débat d'attributions, en ce sens qu'il soit peu important de décider à laquelle des deux sciences l'étude des principes immédiats sera dévolue, étant de nature à être aussi bien traitée par l'une que par l'autre. Non, la solution sera toute différente suivant la juridiction devant laquelle la cause sera portée. En effet, si les principes immédiats relèvent de la chimie, comme en définitive c'est dans leur intimité que se passent les phénomènes essentiels à toute vitalité, à savoir ceux de la nutrition, il faudra bien convenir que ces phénomènes appartiennent à cette science. Dès lors la nutrition devient un cas chimique ; il y a empiétement d'une science inférieure dans une science supérieure, introduction de lois relativement plus grossières en des phénomènes relativement plus délicats et plus compliqués. Si la chose est possible, c'est un bien, car on réduira les difficultés, la chimie étant une science plus simple que la biologie. Si au contraire la chose est impossible, les efforts seront sans doute en pure perte, mais fourvoieront pour un temps les esprits, et, pour ce temps, abaisseront la dignité de la science. Je m'explique, car je ne voudrais pas qu'on vît dans cette expression une intention de rehausser une science aux dépens d'une autre ; elles se valent toutes, et dans leur ensemble hiérarchique elles forment un tout parfait où l'on ne peut ôter une pierre sans ruiner l'édifice, — l'édifice, qui est le système de la vraie philosophie. Mais dans ce système, justement parce qu'il est hiérarchique, parce que les sciences se supposent l'une l'autre, ne pouvant se développer que l'une après l'autre, le plus grand méfait théorique que l'on puisse commettre, c'est d'importer la méthode de la science inférieure dans la science supérieure. On peut, si l'on veut, prendre pour exemple cette tentative qui n'est pas loin de nous, et par laquelle on assimilait le principe de vie au principe électrique, l'électricité devenant dans le corps vivant un prétendu fluide nerveux qui n'est pas suffisamment expulsé, et qui hante encore plus d'une intelligence. De la sorte, un agent aussi universel que l'électricité, dont aucune particule de matière n'est privée, se trouverait, par surcroît, limité au service d'une substance aussi circonscrite dans sa masse que l'est la substance organique ! Un agent aussi simple dans son opération produirait les phénomènes si compliqués de la vie ! Un agent, si visiblement physique en ses effets, pourrait assez se transformer pour animer le corps vivant d'instincts, de sensations, de passions, d'intelligence ! Il y a constamment eu des protestations contre de pareilles conséquences. Importer les procédés d'une science inférieure dans une science supérieure séduit toujours quelques esprits par une apparence positive, attendu qu'on applique ce qu'on sait mieux à ce qu'on sait moins ; mais ce n'est qu'une apparence, car là est une lacune dont on ne tient pas compte, et l'on saute d'un ordre de phénomènes dans un autre. Aussi ce vice de logique était-il senti instinctivement par les gens qui, sans pouvoir le démontrer, refusaient leur assentiment, et se jetaient dans l'excès contraire de l'abstraction nuageuse et de la métaphysique sans consistance ; mais la conciliation est obtenue, la satisfaction est donnée aux deux besoins essentiels de l'esprit, qui sont d'avoir une doctrine qui soit à la fois positive et au niveau de l'ordre des phénomènes, dès que la biologie a ses lois propres dont la complication supérieure constitue le caractère.

MM. Robin et Verdeil ont consacré de longs prolégomènes au débat dont il s'agit ici. « Il sera impossible, disent-ils, de parvenir à la solution des grandes questions d'anatomie générale, de physiologie et de pathologie, tant que l'on ne saura pas de quelle manière les principes immédiats sont unis les uns aux autres pour former la substance organisée ; tant que l'on ne saura pas comment ceux d'origine minérale sont unis à ceux qui, cristallisant aussi, ne se trouvent pourtant que dans les corps organisés ; tant qu'on ne saura pas comment ces derniers se réunissent ensemble, en toutes proportions, pour former un troisième groupe de principes non cristallisables ; comment enfin les principes des trois classes ci-dessus s'unissent ensemble pour former la matière organisée susceptible de vivre, c'est-à-dire de renouveler incessamment ses matériaux par un double acte de combinaison et de décombinaison. Tant que ces questions ne seront pas traitées à fond, nous continuerons à rester dans une stérile agitation ou dans la torpeur, agitation prise pour le progrès, torpeur prise pour la stabilité. Depuis l'étude des principes jusqu'à celle des humeurs et des tissus, c'est en vain que vous demanderez à la chimie ou à la physique de résoudre les questions qui s'y rapportent, car elles sont anatomiques et physiologiques : anatomiques en elles-mêmes, physiologiques quant aux actes ou aux propriétés que manifestent ces corps. C'est à nous-mêmes, anatomistes et médecins, de les poser, à nous qui manifestons notre impuissance en réclamant, de la chimie ce qu'elle ne peut nous donner, et qui nous plaignons à tort de ce qu'elle brûle ce qu'elle devrait nous décrire, lorsque c'est à nous qu'en revient la description. Cette étude, il est vrai, nous la devons faire à l'aide des instruments de la chimie, mais indépendamment des hypothèses chimiques. »

Dans la série d'arguments que les deux savants auteurs ont développés avec soin, je n'en choisirai qu'un, le jugeant à la fois le plus capable de décider la controverse et de figurer dans cette *Revue*. Toute substance vivante, végétale ou animale, est caractérisée par une propriété essentielle qui ne fait jamais défaut et qui est le fondement de toute vie, à savoir la nutrition. Cette nutrition, à son tour, est caractérisée par un double mouvement de composition et de décomposition, c'est-à-dire qu'à chaque moment des particules qui sont usées, si je puis ainsi dire, et qui ne peuvent plus être utiles, sont disjointes et entraînées au dehors par les émonctoires qui servent d'issue, tandis que d'autres particules introduites par la respiration et par l'alimentation prennent les aptitudes nécessaires pour entrer dans la trame organisée, et viennent quotidiennement remplacer les pertes quotidiennes. La nutrition, telle que les physiologistes l'entendent, est, on le voit, différente de l'alimentation : celle-ci n'est qu'un acte préparatoire, celle-là, se passant dans l'intimité des tissus, est l'acte définitif ; mais cet acte définitif n'est pas seulement une incorporation de ce qui arrive, c'est aussi l'élimination de ce qui n'a plus d'office. Ces deux phénomènes sont connexes et inséparables, et la vie ne serait pas plus possible si les matières nouvelles cessaient d'arriver que si les matières anciennes cessaient de s'en aller. Le sang est le réservoir commun des unes et des autres ; tout ce qui doit être assimilé vient par lui, tout ce qui est désassimilé s'en va par lui. Il n'y a point de vie sans ce double mouvement, et réciproquement ce double mouvement n'est que dans la substance vivante. Il faut donc sous ce repos apparent concevoir la composition et la décomposition incessantes ; mais que parlé-je de repos apparent ? le cœur bat, le sang circule à flots pressés, le diaphragme s'élève et s'abaisse, tout se meut suivant un mécanisme régulier dont la fin est la nutrition, c'est-à-dire admission et expulsion simultanée de particules matérielles.

Qu'on le remarque bien toutefois, les lois chimiques ne sont ni suspendues ni interverties. Tout, à part ce double mouvement que je viens de caractériser, tout se passe comme les choses se passeraient si les substances n'étaient pas au milieu de ce conflit qu'on appelle la vie. L'oxygène se dissout dans le sang ; les acides se combinent avec les bases, les sels se décomposent réciproquement suivant la loi de double décomposition. Si des substances étrangères s'introduisent dans l'organisme soit comme médicaments, soit par voie d'empoisonnement, elles vont s'unir molécule à molécule avec les tissus, suivant les conditions chimiques, et, les changeant ainsi dans leur état et leur composition, elles les changent aussi dans leurs propriétés, ce qui se manifeste par des phénomènes spéciaux de solution, de crise, de retour à la santé, si le médicament, appliqué à propos, réussit, de douleurs, de souffrances, de troubles mortels, si le poison triomphe des ressources de la nature. Dans tout ceci règne la chimie, et quand on se représente ce grand phénomène, cette persévérance des lois chimiques dans l'intérieur de l'économie végétale ou animale, on comprend (je ne saurais trop insister sur ce point, qui est capital dans l'histoire des sciences) comment la biologie est subordonnée à la chimie, comment il était indispensable que celle-ci se développât pour que celle-là prit de la consistance. On a sous les yeux tout le travail de la nutrition, tous les phénomènes qui dépendent de l'introduction des médicaments et des poisons, et l'on y voit régulièrement prévaloir les lois chimiques : elles commandent dans le domaine qui leur est laissé, domaine subalterne, il est vrai, puisqu'une condition supérieure, celle du double mouvement, les domine elles-mêmes, mais qui n'en est pas moins fondamental et tel que, sans lui, le reste ne peut plus se concevoir. C'est là une grande part, mais ce n'est qu'une part. Les faits biologiques doivent d'abord satisfaire aux lois chimiques ; à cela est tenue toute bonne interprétation, mais la réciproque n'est pas vraie, et le fait chimique ne satisfait pas aux lois biologiques, manquant de ce quelque chose qui est le caractère de la vie.

Ce quelque chose est la mobilité du composé vivant, l'instabilité des molécules qui le forment. Là, la fixité est absente, et quand, d'une manière relative du moins, elle commence à s'établir, c'est que l'énergie vitale diminue, la vieillesse s'achemine, et bientôt, la moindre circonstance venant à contrarier un mouvement qui de lui-même tend à s'arrêter, la mort survient. À peine est-elle survenue, que la chimie, délivrée du contrôle, rentre dans tous ses droits, dissocie les éléments suivant les combinaisons stables qui lui sont propres, et rend au fonds commun les matériaux qui avaient été prêtés pour un moment à l'individu. Au contraire, quand la fixité est à son moindre degré, quand la combinaison et la décombinaison sont livrées à un flux rapide, alors l'être vivant, dans la plénitude de son essor, passe de l'état de graine ou d'ovule, où il est à peine perceptible, à celui où, devenu chêne, éléphant, baleine, homme, il n'a plus qu'à s'accroître et à vieillir. Les parties les plus dures participent, seulement avec plus de lenteur, à l'incessante rénovation des particules matérielles, et l'on peut, à l'aide d'aliments appropriés qui laissent sur les os une trace colorée, suivre pas à pas dans ces organes, qui semblent si immobiles, le flux et le reflux. Rien, dans le corps. n'est ni longtemps liquide, ni longtemps solide ; les liquides se solidifient et vont, suivant la place, se transformer en os, en muscles, en nerfs ; les solides se fluidifient, et de chaque os, de chaque muscle, de chaque nerf sortent des particules qui vont former le sang veineux. De l'arsenic a-t-il été avalé, si le patient résiste aux accidents qui ne manquent pas de survenir, on verra bientôt, à mesure que la guérison fera des progrès, la substance vénéneuse sortir chaque jour peu à peu des organes où elle s'était fixée : le mouvement d'assimilation, agissant ici en aveugle et devenu funeste, avait porté le poison jusque dans les plus profondes retraites de la vie, le mouvement de désassimilation, non moins aveugle, mais ici salutaire, l'arrache de ces retraites et le chasse de la même façon qu'il avait été introduit. Ainsi toutes ces combinaisons que nous avons dit faire le fondement de la vie sont instables et mobiles ; elles sont, il est vrai, chimiques dans leur forme et dans leur condition, mais elles se pressent, elles se changent, elles se font et se défont par une cause supérieure qui n'est pas la chimie.

C'est dans cette cause supérieure qu'est le point inaccessible à la chimie. En vain réussirait-elle (et elle n'y réussit que dans des cas excessivement rares et excessivement simples) à reproduire de toute pièce dans son creuset les substances organiques : elle ne pourrait pas pour cela, j'allais dire les animer, elle ne pourrait pas du moins y déterminer le mouvement qui sans cesse les combine et les décombine. Moins heureuse que le Salmonée de Virgile, qui, se complaisant au vain bruit imitateur du tonnerre,

…nimbos et non imitabile fulmen
Ere et cornipedum pulsu simularat equorum,

elle ne peut ni faire ni se faire aucune illusion sur la nature de ses produits. Au-dessus d'elle se passe le courant de toutes ces transformations. Elle est la servante industrieuse qui compose et décompose, suivant, il est vrai, des règles qui lui sont propres, mais d'après une impulsion qui lui est tout a fait étrangère. Abandonnée à elle-même, elle arriverait bientôt au terme, et ne tarderait pas à changer tous ces composés mobiles, qui sont ceux de la vie, en composés fixes, qui sont les siens à elle. Chaque fois d'ailleurs que, voulant s'arrêter, elle manie tous les principes immédiats dont la réunion constitue le corps, elle les voit échapper de ses mains impuissantes à les retenir. Elle serait tentée de leur reprocher cette fuite rapide, et de leur demander pourquoi ils s'empressent tellement de se fondre, de se liquéfier, de se solidifier, sans qu'elle, ait le temps de leur assigner ces proportions définies, ces quantités bien limitées qui sont son triomphe et sa gloire dans le règne inorganique. Avez-vous vu jamais un enfant dont le doigt indiscret, maniant un baromètre, a cassé le tube et laissé échapper le mercure ? Désireux de réparer hâtivement sa faute, il s'empresse après le métal qui s'est répandu ; mais vaine poursuite ! il le saisit, le serre entre les doigts et espère le rapporter peu à peu dans le réservoir ; à chaque fois il n'a fait que le partager en globules plus petits et plus roulants, jusqu'à ce qu'enfin, désespérant de réussir, il en considère d'un œil dépité la fuite et la dispersion. Il faut comparer aux efforts de cet enfant tous les efforts qu'a faits ou que ferait encore la chimie pour s'élever hors de son niveau, pour sortir de son domaine. Là où elle commande légitimement et où son autorité est réelle, les particules matérielles ne trompent pas sa vigilance ; elle mesure, elle pèse, elle connaît les proportions, elle prévoit les combinaisons qui se font et celles qui vont se défaire ; sa vue est nette, sa main est sûre, son empire est déterminé. Mais dans le milieu vivant toutes ces qualités qu'elle possède à un degré si éminent tournent contre elle : ce qu'elle veut mesurer ou peser n'est ni mesurable ni pondérable ;

ce qu'elle veut assujettir à des proportions a pour caractère d'en changer sous les moindres influences ; ce qu'elle veut prévoir n'est pas susceptible de prévision par le côté chimique. Et si l'on veut prévoir, niais alors prévoir avec moins de sûreté et d'étendue que ne fait la chimie dans son domaine, vu qu'il s'agit de choses plus compliquées que les choses chimiques, c'est à la biologie qu'il faut s'adresser.

De déduction en déduction le lecteur est arrivé au point où il touche du doigt la différence radicale entre la matière brute et la matière vivante. La matière brute est inanimée, en ce sens qu'aucun mouvement intestin ne s'y manifeste et que rien n'y afflue et rien n'en sort, molécule à molécule. La matière organique est animée, en ce sens que les particules en sont soumises à un flux incessant, que l'une arrive et l'autre s'en va par un travail simultané qui est à la fois composant et décomposant, ou, comme on dit dans le langage technique, assimilant et désassimilant. C'est là la propriété qui caractérise toute vie et qui en est le fondement ; mais, bien entendu, cette propriété est inconnue dans son essence, car, je l'ai déjà dit et ne crains pas de le redire, tant la chose me parait philosophiquement importante, la science, arrivée à l'âge adulte, renonce à toute enquête sur l'intimité de cette propriété, qui est pour elle une cause première, au même titre que la gravitation l'est pour l'astronome, le calorique pour le physicien, l'affinité pour le chimiste. Justement même, en raison de cette sage renonciation qui abandonne les nuages pour les réalités, elle pénètre avec ardeur et succès dans les conditions de chacune de ces forces de la nature, eu détermine les modes, les réduit en théorie et les livre, ainsi théorisées, à tous les besoins des arts et de l'industrie. Ou remarquera que la substance vivante, douée de cette propriété qui l'anime, se présente avec une constitution qui lui est propre et qui ne se trouve en nulle autre ; car ces deux choses sont ici connexes : la propriété et la constitution. Ainsi, avec la forme de tissu végétatif (donnant ce nom à ce qui n'est ni muscle ni nerf), une seule propriété se manifeste, c'est celle delà nutrition (la génération n'en est qu'un cas particulier). Avec une forme différente, la nutrition restant toujours active (c'est, je l'ai dit, la base de tout le reste), apparaît le tissu musculaire, dont la fibre est contractile et cause le mouvement. Enfin avec une troisième forme se montre le tissu nerveux, qui transmet les impressions, communique les volontés aux muscles, établit le consentement et l'association entre toutes les parties, et se concentre en organe de la pensée dans le cerveau. Ce sont là les trois conditions primordiales de la vie telle qu'elle se manifeste dans les végétaux et les animaux, une propriété de nutrition, une propriété de mouvement, une propriété de sensibilité, et, en regard, l'élément végétatif, l'élément musculaire et l'élément nerveux.

Tout le monde sait qu'il y a une chimie organique, c'est-à-dire une chimie qui s'occupe des substances organisées. Il faut bien s'entendre sur ce terme. Si l'on veut dire par là que les phénomènes organiques, en tant que soumis à la loi de composition et de décomposition simultanée, relèvent de la chimie, que les substances qui sont actuellement en proie à ce double mouvement sont des substances chimiques, que les actes par lesquels elles se maintiennent entre la combinaison et la décombinaison continues sont des actes chimiques, on se trompe, et on a une fausse vue aussi bien de la chimie que de la biologie. Il n'y a point de chimie organique en ce sens ; il y a des propriétés supérieures, une constitution moléculaire supérieure qui, tout en dépendant, pour exister, des actes chimiques, n'en est en aucune façon la conséquence, c'est-à-dire que vainement on supposerait une extension quelconque des phénomènes chimiques ; à quelque limite idéale qu'on les portât, ils ne se changeraient jamais en phénomènes vitaux. Si au contraire l'on veut dire que, une fois tirées du corps et privées de vie, c'est-à-dire ne présentant plus le flux moléculaire, les substances organiques, végétales et animales n'offrent plus rien qui ne rentre dans le domaine chimique, on a raison, et en ce sens il y a une chimie organique, pleine de difficulté et d'intérêt. C'est la mort qui les transporte d'un domaine à l'autre ; mais la vie, tant qu'elle a fait sentir son souffle, a créé, justement parce qu'elle est d'un ordre supérieur, des combinaisons d'une complication supérieure aussi et dépassant à cet égard tout ce qui se voit ailleurs. Elle a donc élaboré d'avance un champ tout prêt pour la chimie, un champ qui la force à se replier sur elle-même et à tenter toutes sortes de voies pour conduire ses théories à travers ce dédale. Ainsi se fait le partage entre la chimie et la biologie : la substance organique morte appartient à la première ; la substance organique vivante appartient à la seconde.

IV. - DE LA MALADIE. – CONCLUSION.

Il est dans cette chimie organique deux grands phénomènes, qui, placés pour ainsi dire sur la limite de la vie, peuvent par cela même servir à mieux déterminer cette limite : ce sont la putréfaction et la fermentation. Quand des substances qui ont été vivantes se trouvent soumises à un degré convenable de chaleur et d'humidité, elles sont bientôt saisies d'un mouvement intestin, qui, tout en donnant des émanations odieuses et souvent malfaisantes, tout en étalant à l'œil humain un repoussant spectacle, accomplit l'office incessant de dissocier les éléments organiques et de les rendre à la terre, à l'air et à l'eau. De même encore, si à ces substances qui ont été vivantes on mêle un ferment, vous les verrez reprendre une sorte de vie, s'échauffer, fumer, bouillir et développer des produits spéciaux, tels que le vin, des acides, etc. Remarquez-le, ces substances, qui tombent si facilement sous l'empire de la putréfaction et de la fermentation, n'y sont aucunement sujettes tant qu'elles font partie du corps vivant, où cependant existent et la chaleur et l'humidité nécessaires. Toutefois il arrivera, dans des cas où la vie aura reçu quelque atteinte menaçante, où se sera introduit dans ses profondeurs quelque principe délétère, que, sa force se relâchant, les liquides et les solides auront tendance, sinon à se corrompre et à fermenter, du moins à s'altérer, à se gâter de proche en proche, et finalement dans leur masse, comme il arrive justement dans la fermentation et la putréfaction. Ces lièvres de mauvaise nature, connues sous les noms de *typhus*, de *fièvre typhoïde*, de *variole*, de *peste*, n'ont pas d'autre origine, et alors, chose digne de toute l'attention, une quantité très petite de matière altérée, putride, virulente, une simple particule suffit pour communiquer ces graves affections, graves par cela surtout qu'elles sont, suivant le langage des médecins, générales, c'est-à-dire que ces matières altérées, putrides, virulentes, ont la funeste vertu de susciter dans les parties vivantes un état semblable au leur, ou, si l'on veut, que les parties vivantes ne sont pas douées de manière à résister à cette action funeste. Sous cette influence à laquelle ils répondent chacun à sa façon, les principes immédiats changent dans leur constitution, et partout leurs propriétés se modifient, — modifications qui, sous un autre nom, sont les *symptômes*. Ainsi se propage la morve chevaline de cheval à cheval, de cheval à homme, et d'homme à homme ; ainsi se prend la rage par la salive empoisonnée du chien malade ; ainsi s'inocule le bienfaisant vaccin qui substitue une affection bénigne à la redoutable variole ; ainsi meurt plus d'un étudiant en médecine qu'une piqûre putride livre à la fièvre suppurative, si rapidement dangereuse ; ainsi s'engendre le typhus dans les hôpitaux, dans les prisons encombrées ; ainsi vole la contagion sur ses ailes agiles et meurtrières.

Toutes ces causes morbifiques si différentes ont aussi des expressions différentes et un enchaînement de phénomènes qui varie de l'une à l'autre, et qui est caractéristique de chacune. Ce qu'on nomme une maladie a sa marche naturelle quand elle est abandonnée à elle-même, ses modifications artificielles quand elle est susceptible d'être modifiée par un traitement, en un mot ses phases, dont la prévision, au dire d'Hippocrate, était la grande preuve du savoir médical. Et en ceci le médecin grec fait éclater sa rare sagacité et admirer la profondeur de ses aperçus ; il a saisi ce qu'il y a spéculativement de capital dans la maladie, a savoir sa régularité. Si chaque maladie a son évolution propre, il faut bien que cela tienne à des conditions permanentes, qui sont la cause morbifique, la substance organique et la perturbation qui en naît, — et pour que la perturbation en naisse toujours la même, il faut bien que la substance organique se modifie toujours de même sous la cause morbifique. Ce seul point, poursuivi dans toute sa portée, suffirait à fonder le vrai rapport entre la pathologie et la physiologie.

Il y a dans la maladie, non pas apparition de lois nouvelles, mais perversion et dérangement des lois préexistantes. En d'autres termes, elle n'est qu'un cas particulier de la physiologie, seulement un cas plus compliqué ; car, outre la condition physiologique qui doit être connue, il faut connaître le mode que détermine la cause morbifique par son action. Dans les temps anciens, les hommes, à l'aspect des phénomènes inattendus, étranges, menaçants, que présente la maladie, crurent qu'elle provenait, soit de la colère des puissances célestes, soit de la méchanceté d'êtres surnaturels et malfaisants. À ce point de vue, la maladie était, dans son essence, aussi éloignée que possible du corps qu'elle frappait, dépendant, non pas du travail qui se passait en ce corps, mais de volontés extérieures et supérieures. Plus tard, l'étude des choses faisant des progrès, les idées se modifièrent, et Hippocrate fut un de ceux qui, dans l'antiquité, s'efforça le plus de faire prévaloir l'opinion que toutes les maladies sont de cause naturelle ; mais, tout en se rapprochant ainsi de la vérité, comme au fond on n'avait, pas encore la connaissance des lois physiologiques, on avait encore moins celle des lois pathologiques qui en dérivent, et la maladie fut considérée comme quelque chose d'essentiel n'ayant rien de commun avec les conditions mêmes de la santé. Enfin un pas de plus a conduit au fait réel, qui est que, dans la maladie, il n'y a rien d'essentiel, rien de créé à nouveau, et que tout y est encore dû aux propriétés inhérentes à l'organisme, mais alors sollicitées par des causes hétérogènes, nuisibles, délétères.

Aussi est-ce la fin des systèmes en médecine. Les systèmes, je l'ai dit plus haut, ne furent rien d'arbitraire et de capricieux, vu que ce qui les suggérait, c'était l'ensemble du savoir contemporain ; mais il n'en est pas moins vrai qu'au fond ils étaient étrangers à la médecine qu'ils prétendaient ou résumer ou diriger, vu qu'ils provenaient de toute autre source que la source biologique. Ils étaient donc facilement périssables, se succédant les uns aux autres suivant des conditions toutes provisoires ; mais présentement ils sont écartés d'une façon définitive, car la médecine ne dépend plus, justement dans la partie théorique, qui est celle des systèmes, que de la biologie. Le lien de la subordination entre les deux est indissoluble désormais. La médecine ne peut rien tenter dans la voie spéculative sans se retourner aussitôt et demander si ce qu'elle propose est d'accord avec les lois biologiques. Autrefois au contraire le champ de la spéculation était, pour elle, bien autrement vaste ; elle pouvait, suivant les temps et les influences mentales, s'adresser à la physique, à la chimie, à la métaphysique. C'est grâce à cette obligation de satisfaire aux lois de la biologie qu'on ne voit plus parmi les médecins ces discordances d'opinions qui jetaient toujours un certain discrédit sur leur art, quoiqu'elles provinssent naturellement de l'absence d'un point de départ commun. Aujourd'hui ce point de départ commun est trouvé, et à part les cas exceptionnels, difficiles, obscurs, les médecins suffisamment éclairés tombent d'accord sur le diagnostic et sur les principaux moyens à employer. J'ajouterai que, quand une notion générale de biologie entrera, comme il faut l'espérer, dans l'éducation des gens du monde, ils auront en cela la meilleure pierre de touche pour juger les conceptions illusoires qui se donnent pour des systèmes, et secoueront loin d'eux tant de superstitions médicales qui les assiègent.

J'ai conduit mon lecteur sur les régions ardues de la biologie. Les hauteurs de la pensée sont comme les hauteurs de la terre : ou y arrive par une ascension laborieuse, on y respire non sans quelque gène ; mais de ces sommités sereines où s'élève la doctrine des sages, selon l'expression du grand poète précurseur de Virgile (*edita doctrina sapientum templa serena*), s'aperçoit un horizon sans borne de pure lumière, et descendent mille ruisseaux qui vont porter leur tribut fécondant à toutes les choses utiles de la vie.

ISBN : 978-1976344428

www.ingramcontent.com/pod-product-compliance
Lightning Source LLC
Chambersburg PA
CBHW050247230526
45470CB00005B/2157